ADDITION

Trick # 1

YOUR TURN !

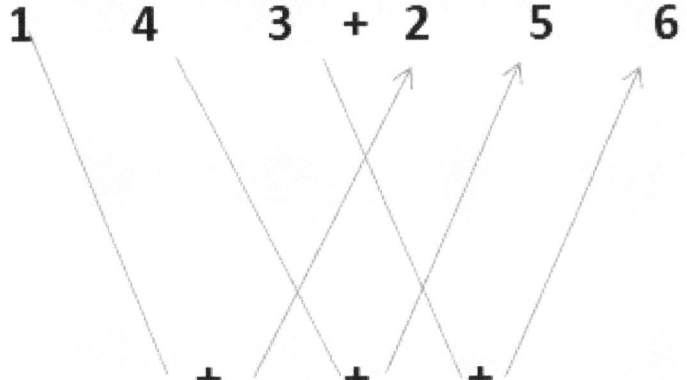

ANSWER :

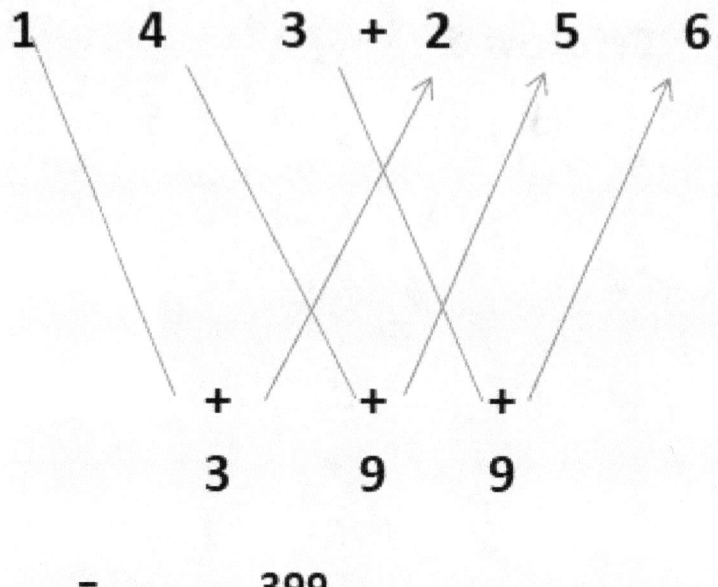

HOMEWORK !

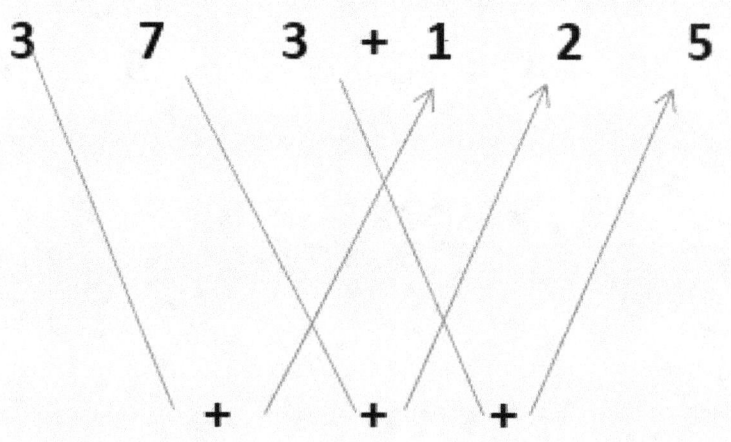

Practice !

Trick # 2

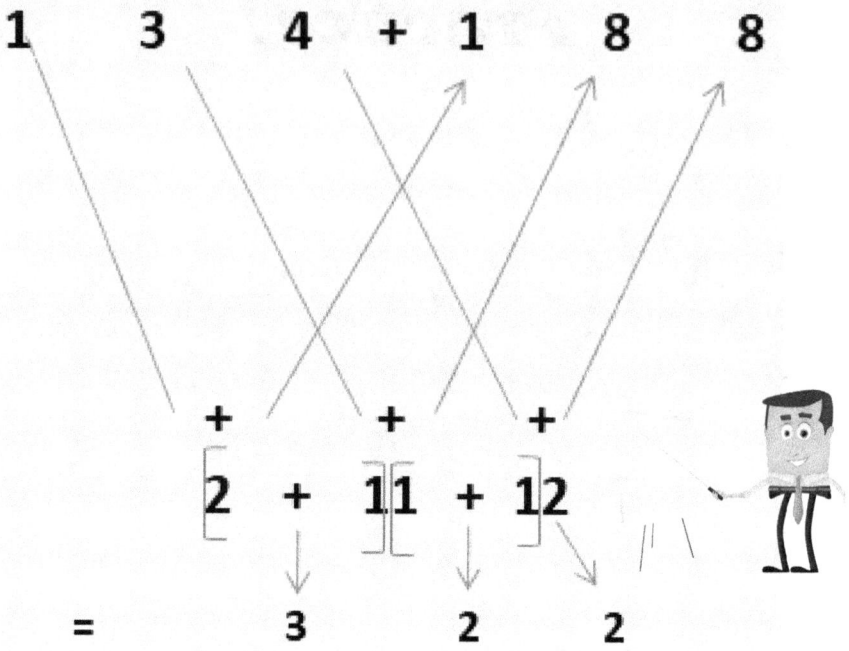

YOUR TURN !

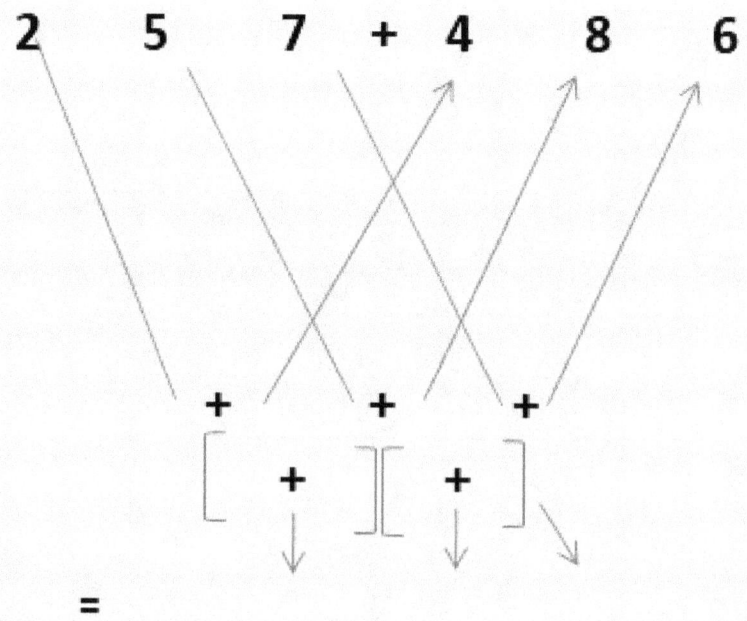

ANSWER :

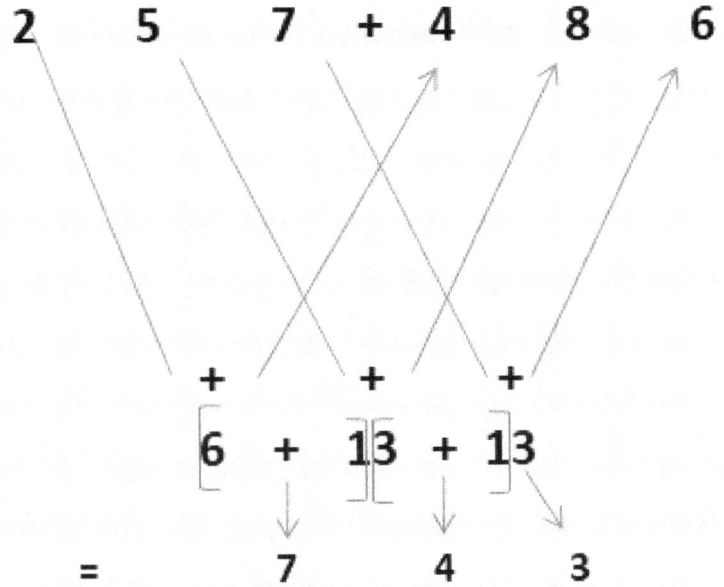

HOMEWORK !

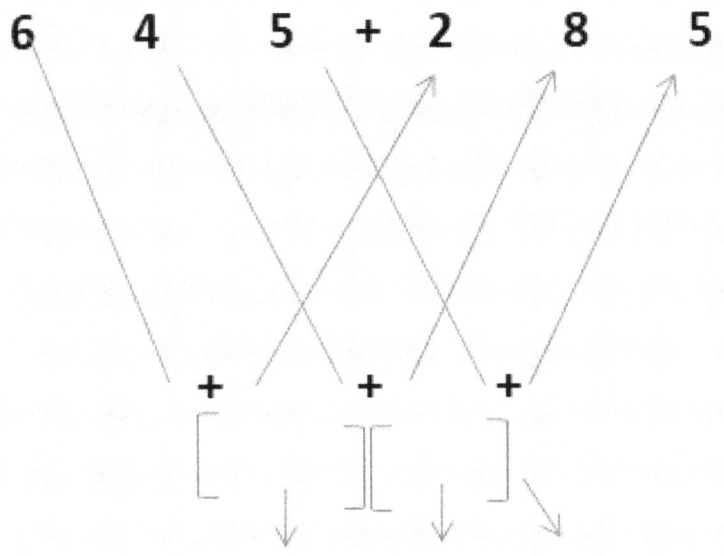

Practice !

Trick # 3

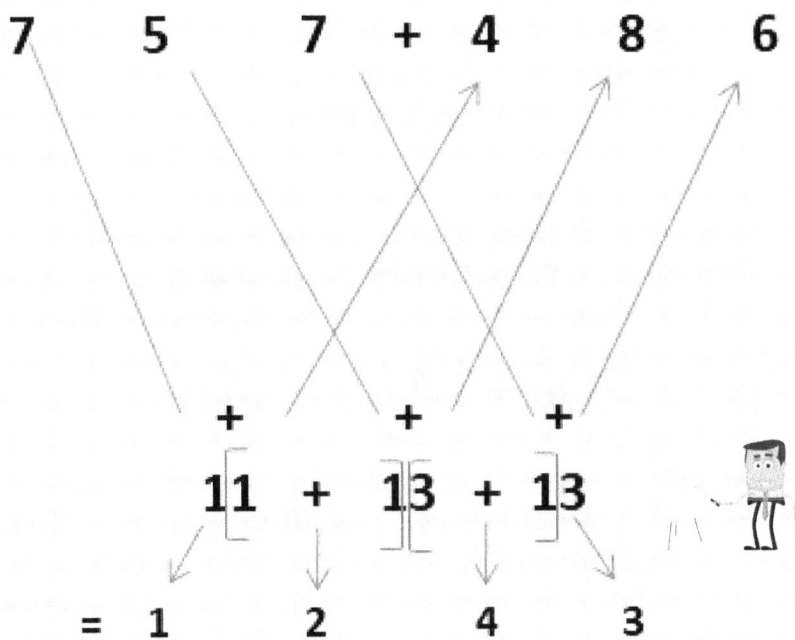

YOUR TURN !

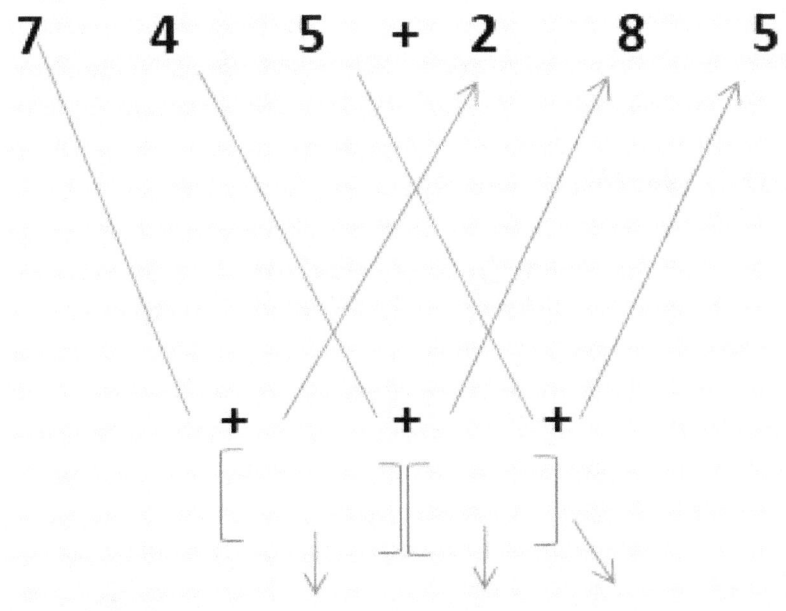

Trick # 4

146+**195**=?

A : **195**+5 = 200

B : 200+146 = 346

C :   346-5= 341

146+195= 341

YOUR TURN !

137 + 394 = ?

ANSWER :

137 + **394** = ?

A : **394**+6 = 400
B : 400+137 = 537
C : 537-6 = 531

 137 + **394** = 531

HOMEWORK !

291 + 329 = ?

291 + 329 = ?

Practice !

Trick # 5

234+20**5**=?

A : 234 + (200+5) =
B : (234+200)+5= 346
C :   434+5= 439

   234 + 205 = 439

·   ·

YOUR TURN !

135 + 304 = ?

ANSWER :

$$135 + 304 = ?$$

A : $135 + (300+4) =$

B : $(135+300)+4 =$

C : $435+4 = 439$

$$135 + 304 = 439$$

HOMEWORK !

$$279 + 211 = ?$$

279 + 211 = ?

Practice!

SUBSTRACTION

Trick # 6

1 6 4 - 1 2 3

\-   \-   \-

= 0   4   1

=   41

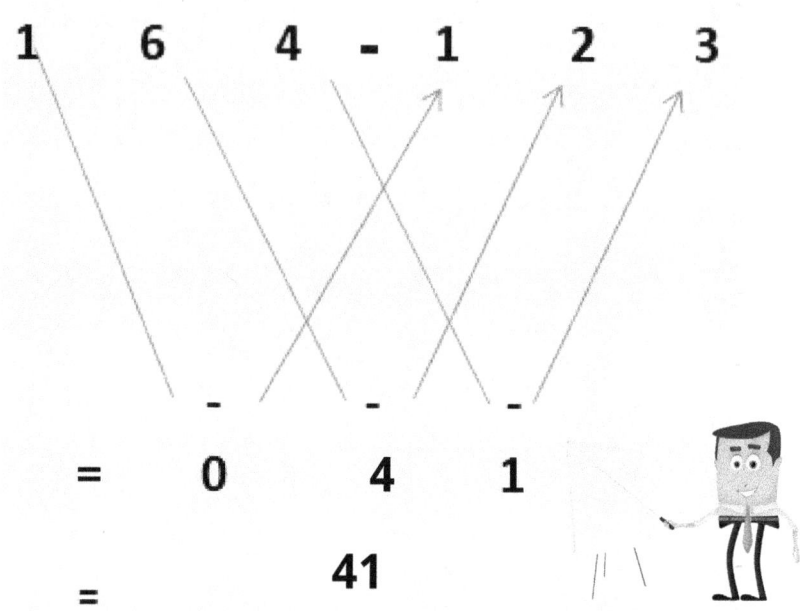

YOUR TURN !

2 5 3 - 1 2 3

\-   \-   \-

=

=

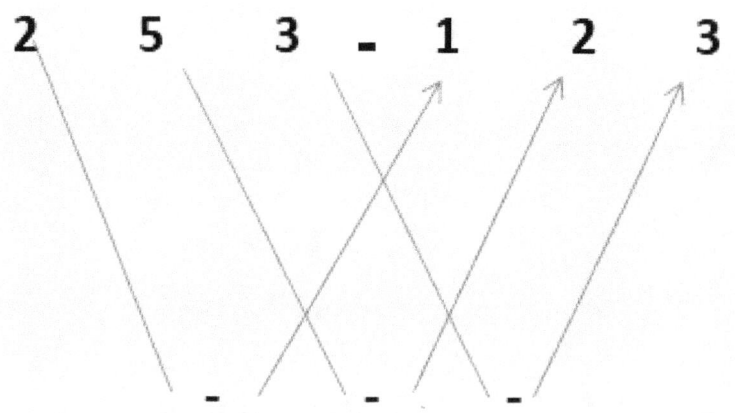

ANSWER :

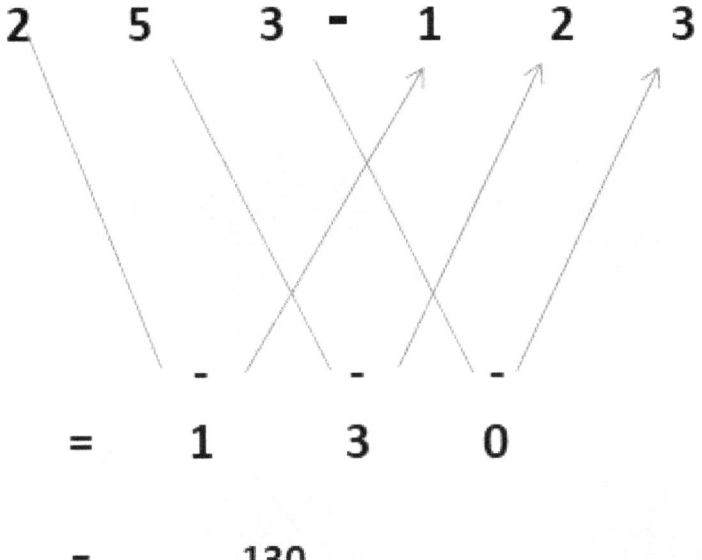

HOMEWORK !

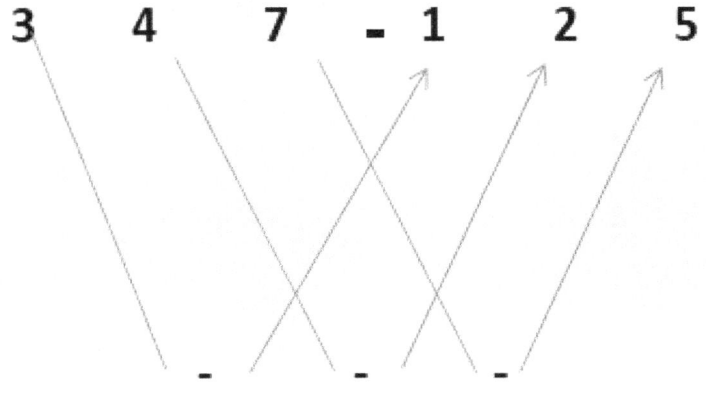

Practice !

Trick # 7

235-64=?

2   3   5 - 6   4

(200-0) + (30-60) + (5-4)

= 200 - 30 + 1

= 171

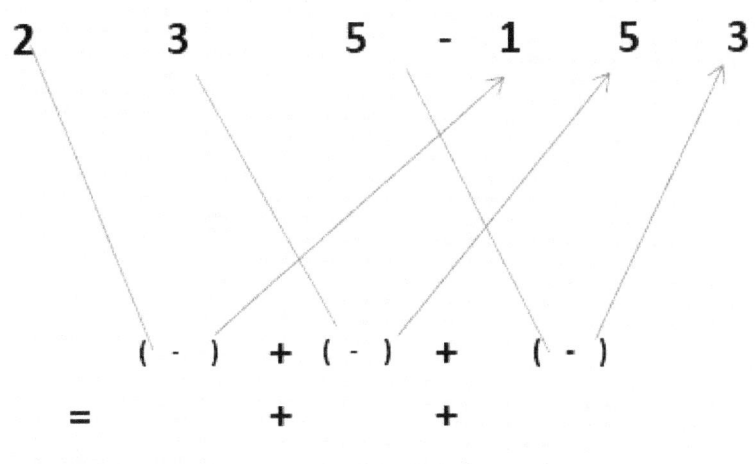

YOUR TURN !

2   3   5 - 1   5   3

(-) + (-) + (-)

=   +   +

=

ANSWER :

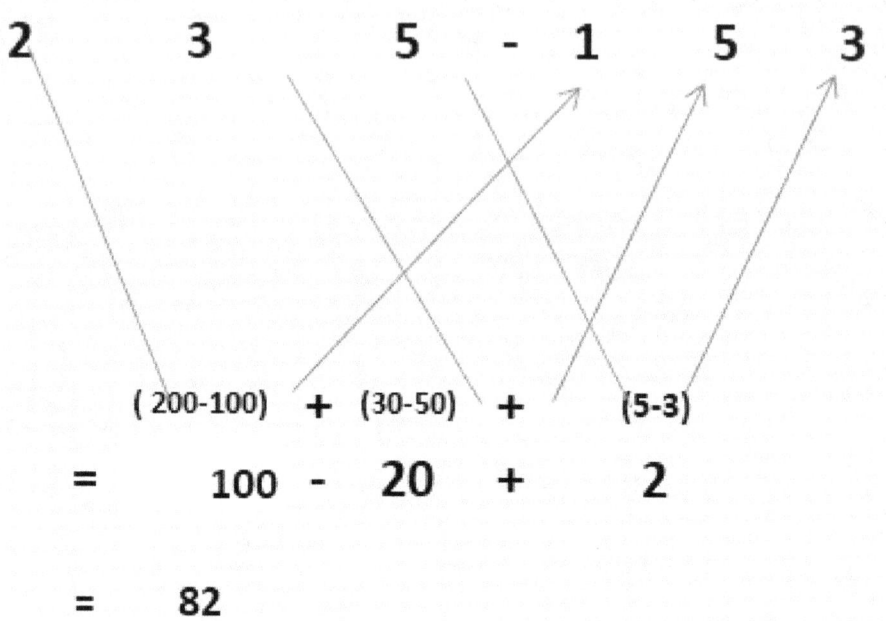

HOMEWORK !

539 - 217 = ?

539 - 217 = ?

Practice!

Trick # 8

1000 - 456 = ?

9 - 4 = **5**

9 - 5 = **4**

10 - 6 = **4**

= **544**

....

YOUR TURN !

1000 - 65 = ?

ANSWER :

1000 - 65 = ?

9 - 0 = 9
9 - 6 = 3
10 - 5 = 5

= 935

HOMEWORK !

1000 - 253 = ?

1000 - 253 = ?

Practice!

MULTIPLICATION

Trick # 9

53 * 11 = ?

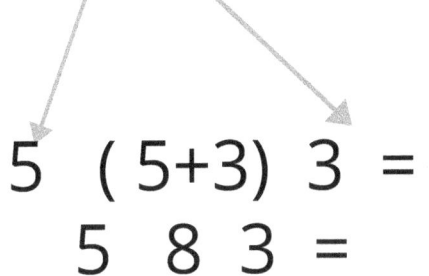

5 (5+3) 3 =
5   8   3 =

53 * 11 = 583

....

YOUR TURN !

42 * 11 = ?

ANSWER :

42 * 11 = ?

4 (4+2) 2 =
4 6 2 =

42 * 11 = 462

· ·

HOMEWORK !

54 * 11 = ?

54 * 11 = ?

Practice!

Trick # 10

67 * 11 = ?

6 (6+7) 7 =
6 13 7 =
(6 +1) 3 7 =
7 3 7 =

67 * 11 = 737

· ·

YOUR TURN !

59 * 11 = ?

ANSWER :

$$59 * 11 = ?$$

$$5\ (5+9)\ 9 =$$
$$5\ 14\ 9 =$$
$$(5+1)\ 4\ 9 =$$
$$6\ 4\ 9 =$$

$$59 * 11 = 649$$

· ·

HOMEWORK !

$$78 * 11 = ?$$

78 * 11 = ?

Practice !

DIVISION

Trick # 11

$$119 / 7 = ?$$

$$7 * \mathbf{10} = 70$$

$$119 - 70 = 49$$

$$49 / 7 = \mathbf{7}$$

$$\mathbf{10} + \mathbf{7} = \mathbf{17}$$

$$119 / 7 = \mathbf{17}$$

YOUR TURN !

$$96 / 6 = ?$$

ANSWER :

96 / 6 = ?

6 * **10** = 60

96 - 60 = 36

36 / 6 = **6**

10 + 6 = 16

 96 / 6 = 16

. . . .

HOMEWORK !

171/ 9 = ?

171/ 9 = ?

Practice!

Practice !

YOUR ANSWER HERE :

GET ADVANCED TRICKS IN VOL 2

and other Activity books for kids in our AMAZON author Page

AUTHOR: KITS FOR LIFE

www.ingramcontent.com/pod-product-compliance
Lightning Source LLC
Chambersburg PA
CBHW050321220526
45465CB00005B/2071